AF343947

ENCYCLOPÉDIE AGRICOLE PRATIQUE

P. D'AYGALLIERS

Huilerie Agricole

HACHETTE & Cⁱᵉ

Huilerie Agricole

ENCYCLOPÉDIE
DES CONNAISSANCES AGRICOLES

PUBLIÉE PAR UNE RÉUNION DE MEMBRES DE L'ENSEIGNEMENT AGRICOLE

SOUS LE PATRONAGE DE MM.

ADOLPHE CARNOT
Membre de l'Institut.

ED. MAMELLE
Sous-Directeur honoraire de l'Agriculture.

ET SOUS LA DIRECTION DE

E. CHANCRIN
Inspecteur de l'Agriculture.

FORMAT IN-16, CARTONNÉ

Les volumes parus sont indiqués par un astérisque ✶

I. — NOTIONS GÉNÉRALES SUR LES SCIENCES APPLIQUÉES A L'AGRICULTURE

II. — AGRICULTURE

ENCYCLOPÉDIE
DES CONNAISSANCES AGRICOLES

(Suite)

Industries agricoles :

* *Le Blé, la Farine, le Pain*, Étude pratique de la meunerie et de la boulangerie par Ed. RABATÉ, Professeur départemental d'agriculture du Lot-et-Garonne. Un vol. 1 50
* *Le Vin*. Procédés modernes de préparation, d'amélioration et de conservation, par E. CHANCRIN. Un vol. 2 50
* *Le Cidre*. Guide pratique de production et de préparation, par P. LABOUNOUX, professeur départemental d'agriculture de la Manche et TOUCHARD, directeur de l'École d'agriculture de Petit. Un vol. . . . 2 »
* *Le Sucre*, Procédés de fabrication et utilisation de sous-produits, par G. PAGÈS, Maître de conférences à l'École nationale d'agriculture de Montpellier. Un vol. . . . . »
* *La Bière*, Procédés modernes de préparation et utilisation de sous-produits, par G. MOREAU, Professeur de brasserie à l'École nationale des industries agricoles de Douai. Un vol. . . . . 50 c.
* *Les Eaux-de-vie et les Alcools*, Guide pratique du Bouilleur de cru et du Distillateur, par G. PAGÈS, Maître de conférences à l'École nationale d'agriculture de Montpellier. Un vol. 1 50
* *Les Essences et les Parfums*, Extraction et fabrication, par A. ROLET, Professeur à l'École d'agriculture d'Antibes, suivi de l'Essence de térébenthine, par Ed. RABATÉ, Professeur départemental d'agriculture du Lot-et-Garonne. Un vol. 1 25
* *Laiterie, Beurrerie, Fromagerie*, par V. HOUDET, Directeur de l'École nationale des industries laitières à Mamirolle. Un vol. 1 25
* *Huilerie agricole*, par P. D'AYGALLIERS, Professeur à l'École d'agriculture d'Oraison. Un vol. 75 c.
* *Les Matières textiles* (Voir le fascicule *Les Plantes textiles* dans l'AGRICULTURE SPÉCIALE).
* *Les Conserves alimentaires* (fabrication ménagère et industrielle), par L. LAVOINE, Professeur à l'École d'agriculture de l'Allier. Un vol. 1 80

III. — LES ANIMAUX

Les Insectes utiles et les insectes nuisibles à l'Agriculture (Entomologie agricole). Un vol. . . . . »

Les Abeilles. Petit traité d'Apiculture pratique. Un vol. . . . . . . »

Les Poissons. Petit traité de Pisciculture pratique. Un vol. . . . . . »

Les Oiseaux de basse-cour. Petit traité d'Aviculture pratique. Un vol. . . . . »

Le Ver à soie. Petit traité de Sériciculture pratique. Un vol. . . . »

Les Animaux domestiques (Zootechnie) :

    Le Cheval et l'Âne. Un vol. . . . . »

    Le Bœuf. Un vol. . . . . »

    Le Mouton et la Chèvre. Un vol. . . . . »

    Le Porc. Un vol. . . . . »

IV. — GÉNIE RURAL

Notions sur les constructions rurales. Un vol. . . . . . . »

Machines agricoles et moteurs. Un vol. . . . . »

Drainage et irrigations. Un vol. . . . . »

V. — ÉCONOMIE. LÉGISLATION. COMPTABILITÉ.

BRANCHE D'OLIVIER

ENCYCLOPÉDIE DES CONNAISSANCES AGRICOLES
Sous la Direction de M. E. CHANCRIN, Inspecteur de l'Agriculture

Huilerie Agricole

PAR

P. D'AYGALLIERS

Professeur à l'École d'Agriculture d'Oraison (Basses-Alpes)

DEUXIÈME ÉDITION

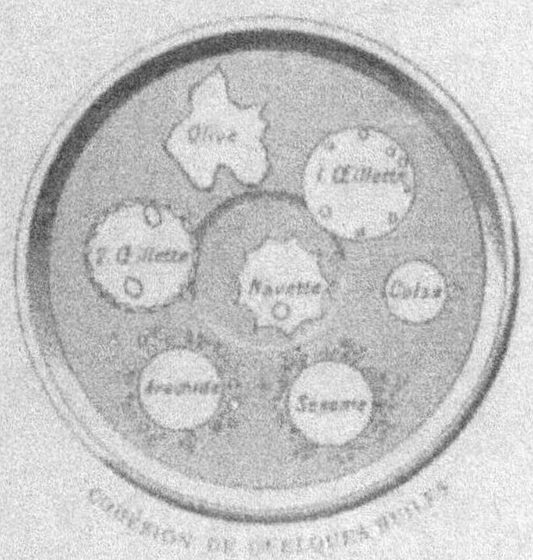

PARIS

LIBRAIRIE HACHETTE ET Cⁱᵉ

79, BOULEVARD SAINT-GERMAIN, 79

1912

AVANT-PROPOS

Quoique l'industrie de l'huilerie ait une tendance marquée à se concentrer de plus en plus dans de grandes usines auxquelles l'agriculture n'a plus qu'à fournir des matières premières, il existe encore dans la campagne, surtout dans la région de l'olivier, de nombreux moulins à l'huile ou tordoirs qui ont un caractère nettement agricole. Ces moulins appartiennent à des cultivateurs ou à des Syndicats agricoles qui, en même temps que leurs propres produits ou ceux de leurs adhérents, traitent aussi les fruits ou les graines des producteurs des environs. Leur personnel exclusivement composé d'ouvriers agricoles revient tout entier aux travaux ordinaires de la culture dès que la campagne annuelle est terminée. L'extraction de l'huile ainsi comprise constitue donc bien une industrie agricole annexe de la ferme et ce caractère est encore accentué par l'utilisation de ses résidus comme engrais ou comme aliments pour le bétail.

C'est le fonctionnement et l'outillage de ces huileries rurales, dont quelques-unes ont une réelle importance, que nous étudions dans cet opuscule. Les cultivateurs de plantes oléagineuses y trouveront des renseignements utiles qui pourront leur permettre d'obtenir des produits meilleurs par une fabrication plus soignée et un outillage plus perfectionné. En même temps, les jeunes gens des écoles y puiseront des notions précises sur l'utilisation et la mise en œuvre de produits du sol qui constituent encore une partie importante de notre richesse agricole.

HUILERIE AGRICOLE

CHAPITRE I

COMPOSITION ET PROPRIÉTÉS GÉNÉRALES DES HUILES VÉGÉTALES

1. — *On donne le nom d'huiles ou d'huiles fixes à des corps gras d'origine animale ou végétale, liquides à la température ordinaire.*

Les huiles végétales sont extraites des fruits ou des graines de diverses plantes dont la plupart sont cultivées sous le nom de plantes *oléagineuses* en vue de cette fabrication. L'huilerie est donc une véritable industrie agricole, et d'autant plus intéressante que les résidus de l'extraction de l'huile retournent à la ferme pour y être employés à l'alimentation des animaux ou comme engrais.

2 Composition des huiles. — Les huiles sont des corps neutres formés essentiellement par un mélange de corps gras, *margarine, oléine, stéarine, palmitine*, en proportions variables selon l'huile que l'on considère.

Ces corps résultent eux-mêmes, de la combinaison des acides gras correspondants (acides *margarique, oléique, stéarique, palmitique*) avec la glycérine. Ils sont décomposés par les alcalis qui mettent la glycérine en liberté en formant avec leurs acides des sels, *margarates, oléates*, etc., auxquels on donne le nom de savons.

Les huiles contiennent, en outre, en petite quantité, certaines substances encore peu connues qui leur communiquent leur coloration et leur saveur particulières.

3 Propriétés physiques. — **Densité.** — Les huiles sont toutes plus légères que l'eau. Quoique leur *densité* varie dans de faibles limites avec leur nature, elle

FIG. 1.
OLÉOMÈTRE

donne, cependant, d'utiles renseignements pour les caractériser. On la détermine, en général, au moyen d'*oléomètres*. L'oléomètre de Lefebvre (fig. 1), par exemple, est un densimètre gradué de 0 à 40. Le 0 correspond à 0,900 et une simple lecture donne la densité pourvu que l'on ait soin d'opérer à la température de 15 degrés.

Voici la densité de quelques huiles :

Huile de Colza 0,9142	Huile de sésame 0,9225
— navette 0,9151	— coton 0,923
— olive 0,9168	— œillette 0,924
— noisette 0,917	— chènevis 0,9235
— arachide 0,9171	— cameline 0,9259
— amande douce . . 0,9183	— noix 0,926
— faîne 0,920	— lin 0,9325

Figure de cohésion. — On donne le nom de figure de cohésion à la forme que prend une goutte d'huile déposée doucement à la surface de l'eau. Cette forme (fig. 2) est différente pour les diverses huiles et reste constante pour chacune.

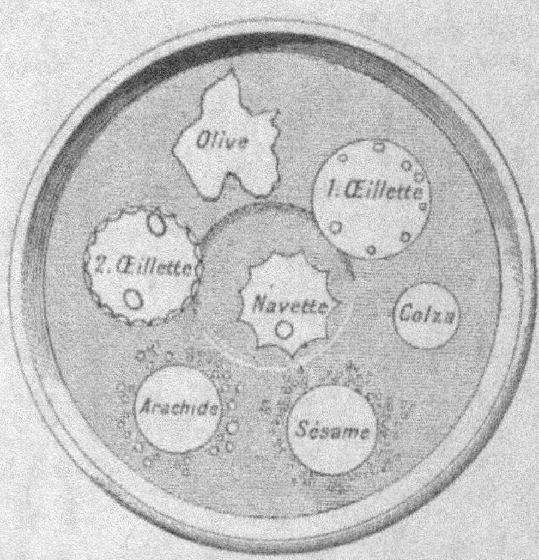

FIG. 2. — COHÉSION DE QUELQUES HUILES.

Fluidité, Viscosité. — A la température ordinaire les huiles sont plus ou moins visqueuses, c'est-à-dire qu'elles coulent difficilement.

Cette propriété est due aux proportions relatives d'oléine et des autres corps gras qu'elles contiennent. L'oléine, qui est liquide, favorise leur écoulement, tandis que la margarine, la stéarine, etc., qui sont solides à la température ordinaire, le gênent.

Les huiles les plus fluides sont donc les plus riches en oléine. La chaleur augmente la fluidité des huiles en liquéfiant leurs composants solides.

L'huile d'olive est une des plus fluides; viennent ensuite les huiles d'arachide, de colza, de navette, etc.

Point de congélation. — Toutes les huiles ne se congèlent pas à la même température; aussi leur point de congélation permet-il, dans une certaine mesure, de les caractériser.

Les huiles d'olive comestibles se solidifient de . . . . .   0° à + 4°
—   —   industrielles   —   . . . .   + 6° à + 8°
—   d'œillette se solidifient à . . . .   — 18°
—   coton   —   . . . .   — 12°
—   sésame   —   . . . .   — 5°
—   colza   —   . . . .   — 6°,5
—   lin   —   . . . .   — 27°
—   noix   —   . . . .   — 30°
—   arachide   —   . . . .   — 4°

Solubilité. — Les huiles sont complètement insolubles dans l'eau et très solubles, au contraire, dans l'éther, la benzine, le sulfure de carbone, le pétrole et les huiles essentielles[1]. Leur solubilité dans l'alcool est très faible et varie avec leur nature. Les chiffres suivants indiquent cette solubilité pour quelques-unes.

Huiles d'olive comestibles . . . .   43 à 47 %
—   —   industrielles . . . .   40 à 50 —
—   de navette . . . .   13 %
—   colza . . . .   20 —
—   sésame   41
—   noix . . . .   44 —
—   œillette . . . .   47 —
—   lin . . . .   70 —

4. Propriétés chimiques. — *Action de l'air*. — *Les huiles, exposées à l'air, s'oxydent plus ou moins rapidement suivant leur nature.* Cette oxydation est plus active sous l'influence de la lumière et d'une température élevée, mais elle se poursuit même dans l'obscurité. Il en résulte que *l'accumulation d'une grande quantité d'huile dans une cave, ou tout autre endroit où l'air ne se renouvelle pas, finit par y rendre l'atmosphère irrespirable à cause de la disparition de l'oxygène.*

Cette oxydation s'accompagne d'une élévation de température quelquefois assez considérable pour occasionner des incendies. Ces accidents sont surtout à craindre lorsque l'huile imprègne de grandes masses de matières organiques inflammables, telles que les chiffons de laine ou de coton.

L'action de l'air sur les huiles les a fait distinguer en huiles *siccatives* et *non siccatives*.

Les *huiles siccatives* se solidifient peu à peu et prennent l'aspect de la résine. Cette propriété les fait employer en peinture pour *délayer les couleurs et les étendre en couches*; elle permet aussi de les utiliser pour *la fabrication d'enduits desti-*

---

nés à *imperméabiliser certaines étoffes*. La siccativité des huiles peut être exaltée par l'addition de certaines substances oxydantes telles que la litharge, le minium, les sels de manganèse, l'oléate de plomb, etc... Parmi les huiles siccatives on peut citer : l'huile de lin, de chènevis, d'œillette, de noix, de ricin, de pépin de raisins, etc.

Les huiles *non siccatives* ne se solidifient pas à l'air, mais elles *rancissent* ; elles deviennent épaisses, acides et prennent une odeur fade caractéristique.

Action de la chaleur. — Chauffées vers 300 degrés, les huiles se décomposent sans bouillir et émettent des vapeurs âcres et épaisses.

Action des acides. — Les acides donnent avec les huiles des réactions qui peuvent être utilisées pour caractériser l'huile traitée.

L'acide sulfurique agité avec une huile élève plus ou moins la température de celle-ci suivant sa nature. Le même acide, mélangé avec une quantité égale d'acide azotique, fait prendre aux huiles traitées une coloration caractéristique, différente pour chacune d'elles.

L'acide nitrique employé seul colore aussi les huiles et prend lui-même une teinte variable avec leur nature.

En présence du mercure, l'acide sulfurique transforme les huiles en une masse plus ou moins consistante. Le temps nécessaire pour cette solidification et le degré de consistance de la masse permettent de caractériser les différentes huiles.

Les vapeurs nitreuses solidifient aussi certaines huiles, notamment l'huile d'olive.

Action des alcalis. — Les alcalis, potasse, soude, chaux, décomposent les huiles. Ils s'emparent de leurs *acides gras* avec lesquels ils forment des *savons* et mettent la *glycérine* en liberté. C'est sur cette action des alcalis qu'est basée l'industrie de la *savonnerie*.

Action du chlore de l'iode. — Le chlore décolore légèrement les huiles végétales et colore, au contraire, en noir les huiles animales, sauf l'huile de pied de bœuf.

Les diverses huiles peuvent fixer une certaine quantité d'iode, constante pour chacune d'elles. La proportion fixée, qu'on appelle *indice d'iode*, peut servir à déterminer la nature d'une huile.

Premier pressurage. — La pile de scourtins établie, on commence à presser doucement. Au premier tour de vis, l'huile

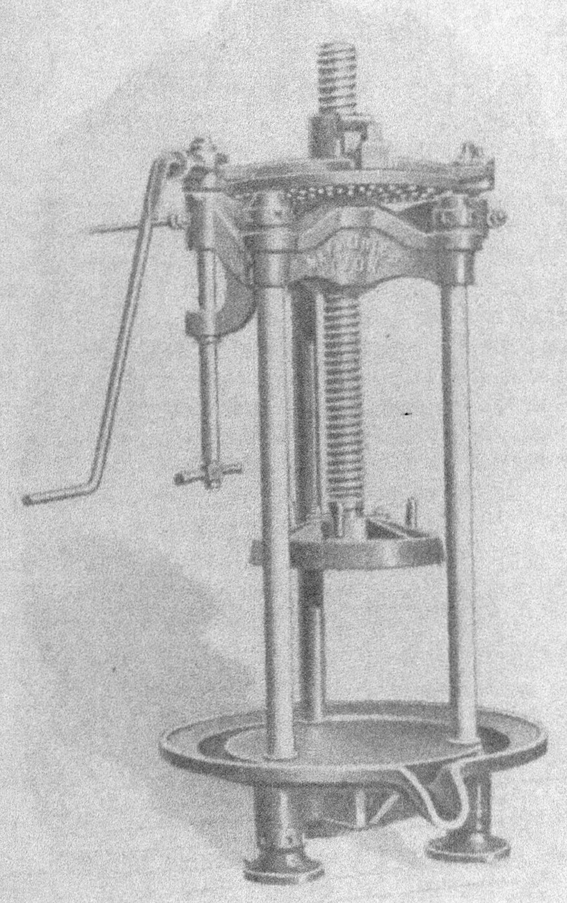

FIG. 6. — PRESSE A OLIVES.

commence à s'écouler. Cette huile qui s'écoule ainsi, *à froid*,
est appelée *huile vierge*. C'est la meilleure et la plus recher-
chée ; aussi la recueille-t-on à part. Elle est d'autant plus fine,
qu'elle est obtenue avec une pression moins forte et, quelque-

fois, on évite de mélanger la première obtenue avec celle qui s'écoule après.

Lorsque la pression atteint un certain degré d'intensité, une certaine quantité de l'eau de végétation que contenaient les olives s'écoule avec l'huile. Il devient alors nécessaire de laisser l'huile vierge surnager dans un récipient pour la décanter après.

Quelle que soit la pression exercée sur les scourtins, la proportion d'huile vierge ainsi obtenue par ce premier pressurage, à froid, est toujours assez faible.

Deuxième pressurage. — Dès qu'il ne s'écoule plus d'huile vierge, on enlève les scourtins de la presse et, après y avoir émietté la pâte à la main, on verse dans chacun quatre à cinq litres d'eau bouillante. On rétablit ensuite la pile de scourtins sur la presse qui est mise de nouveau en action. L'ébouillantage a pour effet d'augmenter la fluidité de l'huile que la pression fait alors couler en mélange avec l'eau. Le mélange, recueilli dans des baquets, est versé dans de grands cuviers où on ajoute encore un peu d'eau bouillante pour activer la montée de l'huile.

Cette huile de deuxième pression est puisée avec précaution à la surface au moyen d'une grande cuiller aplatie, appelée *palette*. Elle est comestible comme l'huile vierge, mais de qualité inférieure à celle-ci, l'eau bouillante lui ayant enlevé une partie de son arôme. Elle constitue l'huile à manger ordinaire.

Troisième pressurage. — Le plus souvent, la pâte après cette deuxième pression est encore remaniée dans les scourtins, ébouillantée à nouveau et soumise à une troisième pression qui fournit une nouvelle quantité d'huile comestible de deuxième qualité.

Enfers ou caquiers. — L'eau sur laquelle l'huile surnage dans les cuviers retient toujours une certaine quantité d'huile qui ne s'en sépare que lentement. Cette eau est évacuée dans de grandes cuves en maçonnerie, communiquant les unes avec les autres, et qui portent le nom d'*enfers* ou *caquiers*.

Par le repos, l'huile monte peu à peu à la surface où on la recueille. Cette *huile d'enfer* est de qualité très inférieure et ne peut être employée pour la table.

11. Rendement. — Le rendement des olives varie dans de très larges limites avec les variétés et les conditions culturales et climatériques. On estime, d'une manière générale, que 100 *kilogrammes de fruits fournissent* 12 *kilogrammes d'huile* comestible; mais ce chiffre doit être considéré comme un minimum qui est très souvent dépassé.

12. Utilisation des résidus. — Le résidu qui reste dans les scourtins après l'extraction de l'huile, porte le nom de *grignons*. Ces grignons représentent à peu près la moitié du poids des fruits. Ils contiennent encore une certaine quantité d'huile d'autant plus grande que le broyage et le pressurage ont été moins énergiques. *En moyenne, les grignons renferment de 8 à 10 pour* 100 *d'huile, quelquefois jusqu'à* 11 *pour* 100. On les utilise directement ou, plus souvent, on les soumet à un traitement particulier pour en extraire leur huile.

Utilisation directe. — On peut employer les grignons à l'alimentation des porcs qui s'en montrent très friands. Joints au maïs, ils constituent pour ces animaux une excellente ration d'engraissement.

Quelquefois aussi, on emploie les grignons comme engrais, malgré leur faible teneur en éléments fertilisants (0,80 pour 100 d'azote et 0,10 pour 100 d'acide phosphorique), ou comme combustible.

13. Traitement des grignons. — *Moulins de ressence.* — L'extraction de l'huile des grignons se fait dans des moulins spéciaux, appelés *moulins de ressence*, qui traitent chacun les résidus de plusieurs moulins à huile ordinaires.

Les différentes opérations qu'on fait subir aux grignons dans ces moulins de ressence sont les suivantes :

1° *Broyage et mouillage* pour les réduire en pâte fine;

2° *Division et décantation de la pâte* pour séparer les parties huileuses des parties inertes;

3° *Chauffage* pour faciliter l'écoulement de l'huile;

4° *Pressurage.*

Broyage et mouillage. — Les grignons sont soumis au broyage dans un broyeur à meules verticales *très lourdes* pour que les noyaux soient finement écrasés. On fait tourner les meules *à sec* pendant un quart d'heure environ; puis on fait arriver un courant d'eau. Sous l'influence du broyage, les grignons se mélangent à l'eau et forment pâte.

Division et décantation. — La pâte, retirée de dessous les meules, est versée dans une cuve où arrive un courant d'eau régulier et au fond de laquelle tourne un agitateur.

La pâte se divise par l'agitation. Les parties lourdes,

formées par les débris de noyaux, tombent au fond de la cuve où elles constituent les *grignons blancs*. Les parties légères, débris de pellicules, de pulpes et d'amandes, auxquelles on donne le nom de *grignons noirs*, sont entraînées par l'eau et s'échappent par la partie supérieure de la cuve d'où elles arrivent dans une série de bassins en pierre. Ceux-ci, disposés en gradins, communiquent entre eux par une conduite qui prend le liquide dans la partie moyenne du bassin supérieur pour l'amener dans le bassin immédiatement inférieur.

Les parties les plus riches en huile surnagent à la surface de ces bassins où on les recueille avec une sorte de grande écumoire pour les verser dans un baquet. De temps en temps on agite avec un crochet en fer la *crasse* ou boue qui s'est déposée au fond. Lorsque, malgré cette agitation, il ne remonte plus rien à la surface, les eaux et boues sont évacuées dans un enfer où on laisse les boues se déposer.

Les grignons blancs, restés au fond de la cuve à agitateur, sont recueillis à leur tour et, après dessiccation, ils servent de combustible pour le chauffage des grignons noirs.

Chauffage. — Les grignons noirs, recueillis à la surface des bassins, sont portés dans une chaudière où l'on ajoute de l'eau provenant du bassin le plus bas et on chauffe la masse à l'ébullition pendant quelques heures.

Pressurage. — La masse bouillie est versée, très chaude, dans des scourtins qu'on empile sur une presse semblable à celles des moulins ordinaires. Sous l'influence d'une pression énergique, l'huile s'écoule, mélangée à l'eau, dans des baquets d'où elle est décantée après repos.

Rendement. — Le rendement des grignons en huile de ressence est très variable. On estime, d'une manière générale, que *le marc fourni par 600 kilogrammes d'olives donne de 8 à 10 litres d'huile de ressence* et souvent davantage.

Cette huile est épaisse, colorée et dégage une odeur forte; elle ne peut servir qu'aux usages industriels.

Les pulpes de ressence, résidu du pressurage des grignons noirs, sont quelquefois employées comme engrais. On préfère, le plus souvent, les traiter par le sulfure de carbone pour en retirer la petite quantité d'huile (10 pour 100 environ) qu'elles contiennent encore.

Les boues de ressence, au contraire, ne sont guère utilisées qu'à la fabrication des composts; elles contiennent au moins 2 pour 100 d'azote.

Épuisement des grignons par le sulfure de carbone. — Aux environs des grandes huileries industrielles, on trouve plus avantageux de vendre les grignons à ces usines qui les traitent par le sulfure de carbone comme les tourteaux de graines oléagineuses. Ce procédé permet un épuisement plus parfait que les moulins de ressence et tend à les remplacer complètement.

14. Diverses sortes d'huiles d'olive. — Les huiles d'olive diffèrent beaucoup entre elles avec le lieu de production. Le sol, le climat, ainsi que la variété des fruits dont elles proviennent ont, en effet, une grande influence sur leurs qualités et il y a des crus pour l'huile comme pour le vin. Le soin apporté à leur fabrication et la propreté des appareils modifient aussi leurs qualités.

On peut classer les huiles d'olive de la manière suivante :

Huiles comestibles, fluides, douces, (inodores), peu colorées.	*Huiles* vierges ou surfines (très fluides, très peu colorées).	
	Huiles mangeables (plus épaisses, franchement jaunes ou vertes).	huiles mi-fines, — ordinaires, — mangeables.
Huiles industrielles, épaisses, acides, très colorées en jaune, vert ou brun, à odeur plus ou moins forte.	*Huiles lampantes ou à fabrique* (huiles rancies ou mal fabriquées). *Huiles tournantes* (huiles lampantes fortement oxydées à l'air). *Huiles de Suffocchiari* (partie supérieure du dépôt abandonné par les huiles au repos). *Huiles de ressence* (provenant des moulins de ressence). *Huiles d'enfer* (provenant des enfers ou caquiers). *Huiles raffinées* (extraites par le chauffage des dépôts apisi). *Huiles de pulpes* (extraites des grignons par le sulfure de carbone).	Employées au graissage des machines, à la fabrication des savons, à l'ensimage des laines, quelquefois à l'éclairage.

CHAPITRE III

HUILES DE GRAINES

15. — Les graines oléagineuses doivent être récoltées à complète maturité pour qu'elles aient atteint leur maximum de richesse en huile. On les laisse ensuite sécher et on les porte au moulin auquel on donne aussi, dans le Nord, le nom de *tordoir*.

16. Extraction de l'huile. — Les procédés employés pour l'extraction de l'huile des graines sont analogues à ceux usités pour retirer l'huile des olives, mais généralement plus énergiques. Ils comportent cinq opérations successives :

  1° Le *nettoyage* des graines ;
  2° Le *broyage* ;
  3° Le *chauffage* ;
  4° La *mise en sacs* ;
  5° Le *pressurage*.

17. Nettoyage. — *Cette opération est indispensable pour débarrasser les graines de la terre, de la poussière et des débris de plantes qui pourraient encore y être mélangés et qui nuiraient à la qualité de l'huile.*

On l'effectue au moyen de *cribles* ou d'un *tarare* ordinaire.

18. Broyage. — Les graines, beaucoup plus résistantes que la pulpe des olives, nécessitent un broyage plus énergique. On n'a pas, du reste, les mêmes raisons de craindre de diminuer la qualité du produit par un broyage complet.

Appareils employés. — Cette opération peut s'effectuer au moyen de divers appareils :

  Les *mortiers*,
  Les *concasseurs*,
  Les *broyeurs à meules verticales*.

Mortiers. — Ces appareils ne sont plus guère en usage aujourd'hui que dans quelques petits tordoirs. Ils se composent de mortiers en fonte dans lesquels les graines sont écrasées par de forts pilons actionnés par un moulin à vent ou un moteur hydraulique.

Concasseurs. — Les concasseurs, employés dans toutes les huileries importantes, servent à faire un premier broyage destiné à faciliter et rendre plus parfaite l'action du broyeur à meules.

Description. — Les concasseurs les plus répandus sont formés de deux cylindres métalliques, A et B (fig. 7) tournant en sens inverse l'un de l'autre et que l'on peut écarter ou rapprocher plus ou moins, suivant l'énergie à donner au travail. Les graines, placées dans une trémie C, sont amenées entre les cylindres par un distributeur cannelé D dont on fait varier la vitesse pour régler l'alimentation. Les graines concassées tombent au-dessous de l'appareil et des grattoirs frottant contre les cylindres en détachent les débris demeurés adhérents à leur surface.

Broyeurs à meules. — Ces broyeurs diffèrent peu de ceux en usage dans les moulins à

Fig. 7. — MOULIN À CONCASSER LES GRAINES.
A, B, *cylindres concasseurs*; C, *trémie*;
D, *rouleau distributeur*.

huile d'olive. Cependant leur disposition varie avec les constructeurs. L'une des meilleures et des plus usitées est due à M. Falguière (fig. 8 et 9). Ce broyeur est à marche continue et évite ainsi les pertes de temps qu'entraîne, dans d'autres systèmes, l'intermittence du travail.

Description. — Il se compose de deux meules verticales en pierre tournant sur un même essieu H qui traverse un arbre vertical F, mû par la vapeur et dont le pivot repose dans une crapaudine G, au centre de la meule dormante. Celle-ci, creusée en forme d'auge cylindrique, est établie sur un solide massif en maçonnerie. S.

La graine concassée, placée dans une trémie A, tombe par l'entonnoir B dans l'arbre F qui est creux et arrive sur la meule dormante au pied de celui-ci par le plan incliné C et le conduit D. Elle est repoussée au fur et à mesure sous les meules par un racloir central H.

Pendant la trituration, une cuvette circulaire K, fixée autour de l'arbre F et alimentée par un tuyautage L, arrose constamment la graine par le tube M. La masse broyée forme ainsi une pâte qui, en sortant du passage des meules est poussée par un ramasseur N et tombe au dehors par une vanne J.

Si l'on estime que la marche continue ne donne pas un broyage suffisant, on peut, sans arrêter les meules, suspendre le fonctionnement du ramasseur N jusqu'à ce que la trituration soit parfaite.

Pour cela les tiges de ce ramasseur sont articulées à l'extrémité O d'un balancier dont l'autre extrémité s'articule à une tige verticale reliée à un levier P Q mobile autour du point P. L'extrémité de ce levier peut se mouvoir librement dans le guide R et une tringle à poignée permet de l'abaisser. Pour suspendre le fonctionnement du ramasseur, il suffit d'agir sur cette

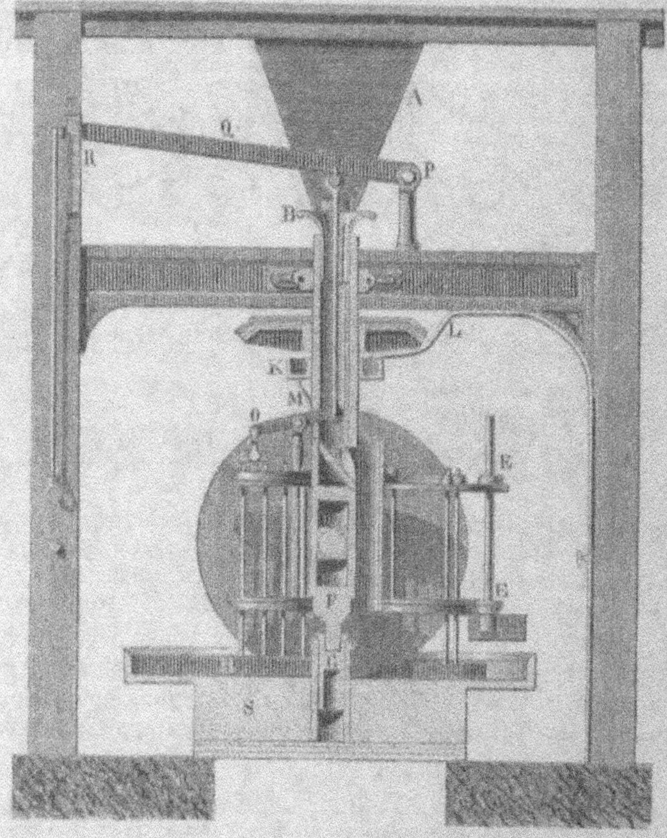

Fig. 8. — MOULIN À MEULE FARGÈRES.

A, trémie d'alimentation; B, C, entonnoir et plan incliné amenant les graines; F, arbre creux amenant les graines et mettant les meules en mouvement; G, crapaudine de l'arbre; E, H, racloir; K, cuvette, réservoir d'eau; L, conduite d'alimentation de la cuvette; M, tube arrosant la masse en traitement; O, P, Q, R, appareil de manœuvre du ramasseur; E, E, tiges du ramasseur; S, bâti en maçonnerie.

poignée et de l'accrocher à une cheville fichée dans le bâti de l'appareil. Si, au contraire, on décroche la poignée, le ramasseur retombe par son propre poids et se remet à fonctionner.

19. Chauffage. — *Le chauffage est à peu près indispensable pour fluidifier l'huile et coaguler les matières mucilagineuses des graines qui gênent son écoulement.*

Cependant quand on traite des graines fournissant de l'huile comestible, on fait un premier pressurage à froid pour obtenir une certaine quantité d'*huile vierge*, de qualité supérieure. Mais le rendement est toujours faible et la masse pressée à froid est ensuite remaniée et chauffée pour obtenir l'huile ordinaire. Celle-ci est toujours moins fine et plus colorée, certains principes insolubles à froid s'y étant dissous sous l'influence de la chaleur.

Remarque. — Certaines graines oléagineuses, comme les amandes amères, doivent toujours être traitées à froid. *La chaleur y provoquerait la formation de principes toxiques.*

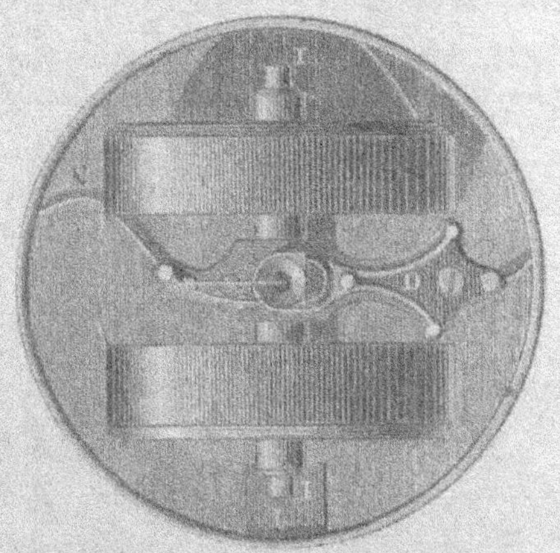

FIG. 8.

PLAN D'UN MOULIN À HUILE FALGUIÈRES.

L, L, essieu des meules; D, conduite d'arrivée des graines; N, ramasseur; J, vanne d'évacuation.

Le chauffage de la pâte se faisait autrefois à feu nu. On a généralement renoncé à ce procédé avec lequel la moindre négligence risque de provoquer la carbonisation de la matière traitée. On chauffe, aujourd'hui, au bain-marie ou à la vapeur. Ce dernier procédé est le plus commode et le plus usité.

Appareils. — Les chauffoirs se composent, généralement, d'un récipient en fonte A (fig. 8) où l'on verse la pâte à sa sortie du broyeur et reposant d'un côté sur un bâti B, de l'autre sur un châssis C. Le fond du récipient, qui est convexe pour augmenter la surface de chauffe, porte en son centre un enfoncement dans lequel tourne le pivot d'un agitateur qui est supprimé dans la figure. La pâte ne risque donc pas de se cuire par endroits en séjournant au contact des parois chauffées.

La vapeur arrive par le tuyau F dans le vide existant entre le récipient et une double paroi qui l'entoure. L'eau de condensation s'échappe par le tuyau G. Une porte H permet de retirer la masse chauffée lorsqu'elle a atteint une température de 50 à 55° et de la faire tomber par une ouverture L dans les sacs disposés pour la recevoir.

20. Mise en sacs. — Ces sacs sont en laine croisée; ils remplacent les scourtins des moulins à huile d'olive. Chacun d'eux est placé sur un morceau d'étoffe en crin double de cuir appelé *étreindelle* et qui est découpé en croix de manière à l'envelopper complètement en se rabattant sur lui.

L'ouvrier répartit à la main la pâte dans le sac pour lui

donner une épaisseur égale sur toute la surface. L'ouverture du sac est ensuite repliée sur elle-même, l'étreindelle rabattue par dessus et le tout porté sur la presse.

21. Pressurage. — Les huiles de graines, en raison de leur viscosité s'écoulent difficilement sous la pression; aussi le pressurage doit-il être très énergique. On la fractionne généralement en plusieurs opérations :

Pression préparatoire.

Première pression d'extraction donnant l'huile de froissage.

Deuxième pression d'extraction donnant l'huile de rebas.

La *pression préparatoire* a pour but de tasser les étreindelles de façon à pouvoir en placer un plus grand nombre sur la presse d'extraction dont le travail sera ainsi aug-

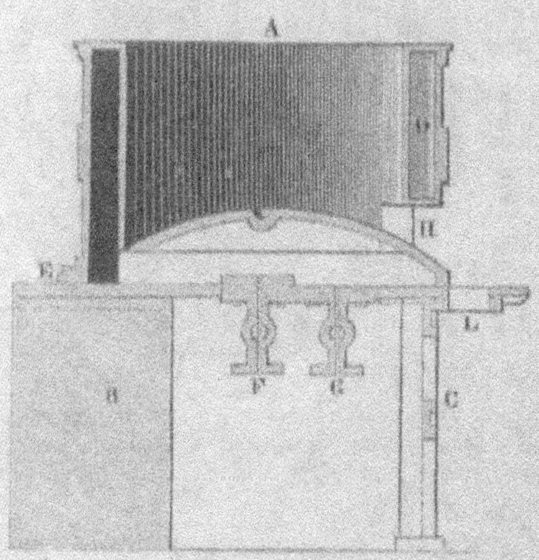

FIG. 10. — COUPE D'UN CHAUFFOIR A VAPEUR.

A, récipient; E, *double paroi*; D, *logement de la vapeur*; H, *porte d'évacuation*; L, *ouverture pour le remplissage des sacs*; F, *tuyau d'arrivée de la vapeur*; G, *tuyau évacuant l'eau de condensation*; B, *bâti*; C, *châssis supportant l'appareil*.

menté. On l'effectue à l'aide d'une presse peu puissante spécialement affectée à cette opération.

La *première pression* se donne avec une presse plus forte et fournit l'huile ordinaire ou huile de *froissage*.

La *deuxième pression*, plus forte que la première, a pour but d'épuiser plus complètement les graines traitées. Celles-ci, lorsqu'elles ne laissent plus écouler d'huile de froissage sont enlevées de la presse, soumises de nouveau au broyage et au chauffage, puis mises en sacs et en étreindelles qu'on reporte sur la presse.

Cette seconde pression donne l'*huile de rebas*, plus épaisse, plus colorée et inférieure en qualité à l'huile de froissage.

Appareils. — Les presses en usage dans les huileries de graines sont très diverses; on peut les classer de la manière suivante :

Presses en bois.

Presses métalliques { *Presses à vis.*
                      { *presses hydrauliques.*

Presses en bois. — Ces presses sont à peu près abandonnées aujour-d'hui. Elles sont peu puissantes et donnent des résultats médiocres.

Presses à vis. — Les presses à vis employées dans les tordoirs ne diffèrent en rien de celles en usage dans les moulins à huile d'olive. Elles sont assez peu répandues et seulement dans les petites installations.

Presses hydrauliques. — Les presses hydrauliques sont, au contraire, d'un usage presque général parce qu'elles peuvent exercer une pression plus

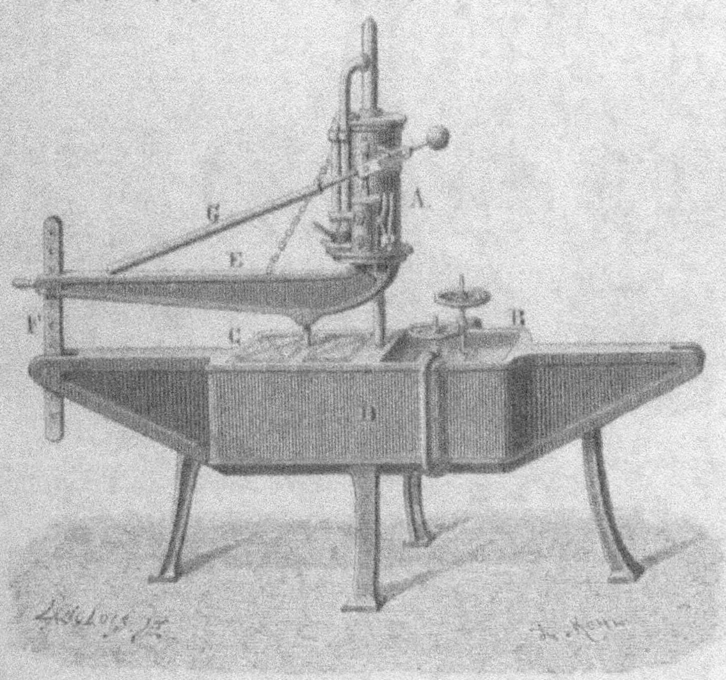

Fig. 11. — PRESSE A HUILE CHOLLET-CHAMPION.

A, *presse hydraulique*; B, C, *plateaux de pression*; D, *maie creuse à deux compartiments*; E, *bras à pivot transmettant la pression*; F, *tige de fixation du bras E*; G, *levier de manœuvre.*

considérable. Leur disposition varie beaucoup avec les constructeurs et l'importance de l'installation.

La presse Chollet-Champion (fig. 11) est très répandue dans les huileries de moyenne importance.

Cet appareil se compose d'une maie en fonte D, supportée par quatre pieds. La maie est creuse et brisée en deux par une épaisse cloison sur laquelle est fixée la presse hydraulique A. L'un des compartiments étant rempli d'étreindelles, on le recouvre du plateau de pression C. Un bras à pivot E, sur lequel agit la presse est amené au-dessus de ce plateau et son extrémité est maintenue sur la tringle F fixée au bord de la maie.

On manœuvre le levier G de la presse et la pression se transmet au plateau C qui s'enfonce, comprimant la matière en traitement. Arrivé au bout de la course on relève le bras E, on fixe son extrémité plus bas sur la tringle F et l'on donne une nouvelle pression. Des brides entourant la maie et serrées au moyen de vis à volant permettent de maintenir la pression sur le plateau pendant qu'on relève le bras E. Ces brides sont représentées sur la figure maintenant le plateau B du deuxième compartiment.

Pendant que l'on presse l'un des compartiments, on garnit l'autre d'étreindelles et on le recouvre de son plateau. Puis, lorsque le premier est suffisamment pressé et maintenu par ses brides, le bras E, dégagé de la tringle F que l'on place à l'autre extrémité de la maie, est amené au-dessus du second que l'on presse à son tour. Le pressurage se fait ainsi presque sans interruption.

Les presses des grandes huileries se composent toutes, en principe, d'un lourd plateau en fonte supporté par des colonnes et contre lequel le grand piston, en se soulevant, vient presser d'autres plateaux. Dans les plus simples,

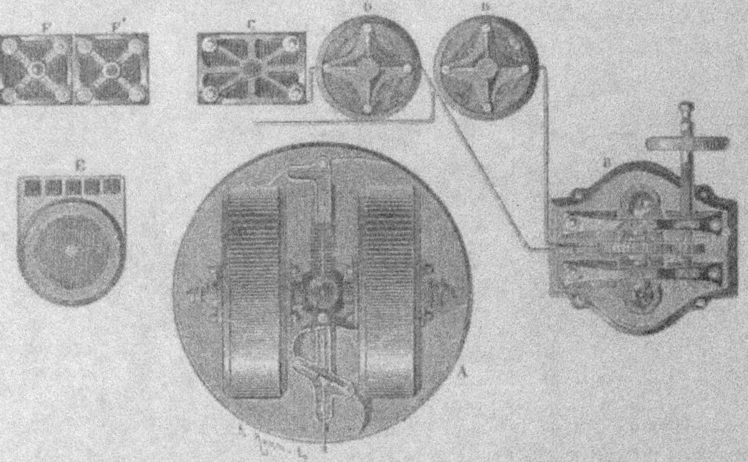

FIG. 13. — PLAN D'UNE HUILERIE AGRICOLE.

A, *moulin à graines*; B, *machine à vapeur*; C, *presse préparatoire*; D, D, *accumulateurs hydrauliques*; E, *chauffoir*; F, F', *presses d'extraction*.

les étreindelles sont disposées entre ces derniers plateaux, sur des plaques de fonte munies à leur pourtour d'une rigole qui reçoit l'huile exprimée. De là, celle-ci se rend dans un réservoir par un tube communiquant avec tous les plateaux.

Dans les presses dites à *forme*, chaque plateau porte à sa partie inférieure une cavité ou caisse fermée sur trois de ses côtés et, à sa partie supérieure, un noyau s'emboîtant dans la caisse du plateau supérieur (fig. 13). Les étreindelles sont introduites dans la caisse par son côté ouvert et l'huile s'écoule dans une gouttière pratiquée sur le pourtour du plateau d'où elle se rend dans un réservoir.

On emploie aussi des presses horizontales, à doubles parois chauffées à la vapeur et généralement accouplées deux à deux, de sorte qu'on presse sur l'une pendant qu'on desserre l'autre.

Ces diverses presses sont très souvent munies d'*accumulateurs hydrauliques* qui régularisent leur travail et augmentent leur rendement.

Ces appareils se composent (fig. 13) d'un récipient en communication avec
le tuyau qui amène à la presse l'eau refoulée par la pompe et dans lequel se
meut un plongeur. Celui-ci est pourvu de contrepoids qui ne lui permettent
de se soulever que lorsque la pression fournie par la pompe dépasse les

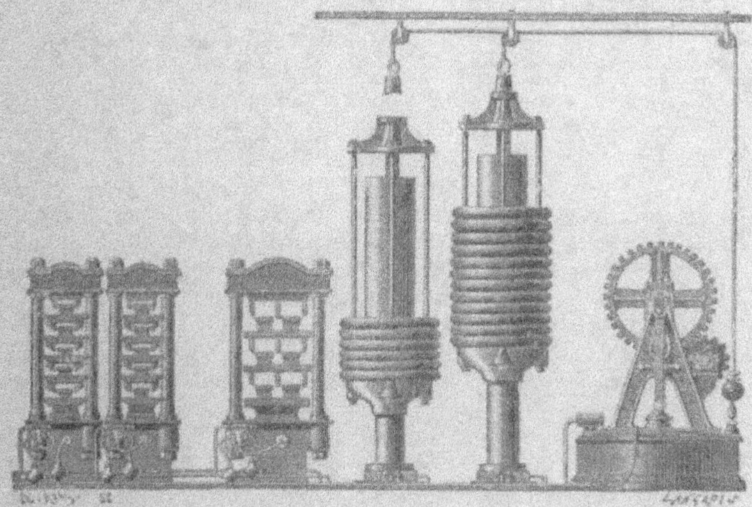

Fig. 13. — Installation d'une huilerie agricole.

besoins de la presse. Il se soulève alors et si, un moment, la presse nécessite
plus de pression que n'e fournit la pompe, il redescend, restituant la pression
qu'il avait emmagasinée en s'élevant.

22. Utilisation des résidus. Tourteaux. — Les résidus qui
restent dans les sacs, après le pressurage, se présentent sous
la forme de plaques rectangulaires, auxquelles on donne le
nom de *tourteaux*. Ils contiennent encore une quantité d'huile,
variant de 6 à 12 pour 100 de leur poids, et que la pression
est impuissante à leur enlever.

*On utilise les tourteaux directement pour l'alimentation du
bétail et la fumure des terres, ou on les traite au sulfure de
carbone pour leur enlever l'huile qu'ils contiennent encore.*

Utilisation comme aliments et comme engrais. — Par leur
composition immédiate et leur teneur en huile, les tourteaux
constituent une matière alimentaire précieuse pour le bétail.
Aussi les emploie-t-on à peu près exclusivement à cet usage,
à moins qu'ils ne soient avariés ou qu'en raison de la nature
des graines dont ils proviennent, ils puissent être nuisibles aux
animaux.

Ils sont, dans ce cas, utilisés pour la fumure et constituent
d'excellents engrais (*ils contiennent de 4 à 6 pour 100 d'azote*

et 1 à 3 pour 100 d'acide phosphorique avec un peu de potasse) à action rapide, d'un usage très répandu.

Traitement par le sulfure de carbone. — L'huile est soluble dans le sulfure de carbone; il est donc possible d'utiliser ce liquide pour le traitement des fruits ou graines oléifères. Cependant on ne l'emploie guère que pour épuiser les tourteaux.

Le traitement consiste à faire passer sur le tourteau, préalablement broyé, du sulfure de carbone chauffé qui dissout l'huile et est ensuite distillé. Les vapeurs de sulfure vont se condenser dans un réservoir et l'huile reste comme résidu dans la chaudière. Le même sulfure peut donc servir pendant longtemps; mais à cause de la grande volatilité et de l'odeur insupportable de ce dissolvant, l'opération doit se faire en vase clos.

L'huile ainsi obtenue possède un goût et une odeur désagréable dont on peut la débarrasser en l'agitant avec 10 à 12 %, de son poids d'alcool. Après repos, on décante et l'alcool, distillé et rectifié, peut servir à une nouvelle opération.

Les tourteaux sulfurés sont en poudre; ils sont moins nourrissants que les tourteaux de pression et les animaux ne les absorbent pas aussi volontiers. Aussi préfère-t-on, le plus souvent, les employer comme engrais, quelles que soient les graines dont ils proviennent.

Appareils employés. — L'appareil employé pour l'extraction de l'huile par le sulfure de carbone se compose essentiellement de deux cylindres en fer complètement clos, communiquant entre eux et traversés chacun par un serpentin à vapeur a (fig. 14).

Le premier cylindre C étant plein de tourteau réduit en poudre, une pompe B y refoule le sulfure de carbone qui se charge d'huile en traversant la masse et va s'emmagasiner dans le second cylindre D. Là, la chaleur des serpentins à vapeur le force à distiller et à

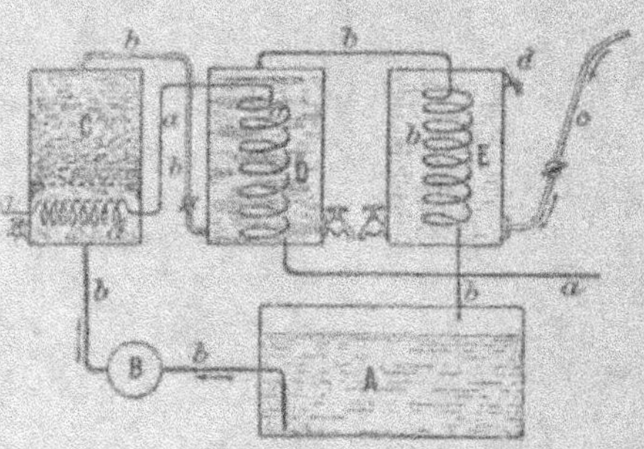

FIG. 14. — EXTRACTION DE L'HUILE PAR LE SULFURE DE CARBONE.

A, récipient à sulfure; b, conduites de circulation du sulfure; B, pompe; C, cylindre d'épuisement; D, cylindre de distillation; E, réfrigérant; c, alimentation du réfrigérant; d, évacuation de l'eau du réfrigérant.

abandonner l'huile. Les vapeurs de sulfure se condensent dans un serpentin refroidi b et le liquide retourne au réservoir A.

Dans les grandes usines, on emploie une disposition analogue à celle des batteries de diffusion en usage dans les sucreries. On remplit de tourteau une série de cylindres communiquant entre eux, de sorte que le sulfure de carbone refoulé dans le premier n'arrive à l'appareil distillatoire qu'après avoir traversé tous les autres. Lorsque le tourteau du premier cylindre est épuisé (ce qui se reconnaît à ce qu'une goutte de sulfure prélevée à sa sortie de ce cylindre ne tache plus le papier) on fait arriver le sulfure de carbone dans le second. Le premier cylindre, vide, puis rechargé à nouveau devient le dernier de la série.

On opère ainsi méthodiquement, d'une manière continue et, le dissolvant rencontrant des tourteaux de plus en plus riches, son action est mieux utilisée.

23. Diverses sortes d'huiles de graines. — *Graines indigènes.* — Il existe un très grand nombre de plantes indigènes dont les graines sont susceptibles de fournir de l'huile; mais quelques-unes seulement sont spécialement cultivées dans ce but.

Voici le rendement des principales graines oléagineuses, ainsi que les caractères des huiles qui en proviennent et les usages auxquels on les emploie.

Œillette. — 40 %, d'huile *très siccative* (Papaver somniferum)
- *obtenue à froid*, jaune d'or, douce, comestible.
- *obtenue à chaud*, coloration plus foncée, employée en peinture et dans la savonnerie.

Colza. — 35 %, d'huile *épaisse* (Brassica oleracea)
- *obtenue à froid*, blanche.
- *obtenue à chaud*, jaune pâle.
- convient surtout à l'éclairage, employée aussi au graissage, à la savonnerie, etc.

Navette. — 32 %, d'huile (Brassica napus)
- ressemblant à celle de colza et servant aux mêmes usages, mais de saveur et odeur piquantes.

Cameline. — 27 à 31 %, d'huile (Myagrum sativum)
- jaune d'or; de saveur alliacée; d'odeur particulière; employée surtout à l'éclairage.

Lin. — 30 à 38 %, d'huile (Linum usitatissimum)
- *toujours obtenue à chaud*; très siccative; très épaisse; d'un jaune verdâtre; presque exclusivement employée en peinture et pour l'imperméabilisation des étoffes grossières.

Chènevis. — 25 %, d'huile (Cannabis sativa)
- *obtenue à chaud*; très siccative; d'un jaune verdâtre; employée en peinture, à la fabrication des savons mous, quelquefois à l'éclairage.

Faînes. — 15 %, d'huile (Fagus sylvatica)
- visqueuse; jaune clair; s'améliorant en vieillissant; comestible, mais surtout employée à l'éclairage.

Noix. — 40 à 50 %, d'huile (Juglans regia)
- épaisse. *obtenue à froid*; verdâtre; de saveur douce; comestible mais rancit très vite.
- siccative. *obtenue à chaud*; très colorée; à odeur forte; employée en peinture.

Amandes. — 38 à 40 % d'huile (Amygdalus communis)
toujours obtenue à froid, surtout avec les amandes amères, pour éviter qu'elle ne devienne toxique; très fluide; inodore; jaune clair; saveur agréable; employée en médecine et en parfumerie. Les tourteaux sont aussi employés en parfumerie; ceux d'amandes amères servent à la fabrication de l'essence.

Ricin. — 50 à 60 % d'huile (Ricinus communis)
toujours obtenue à froid; très visqueuse, blanche, inodore, saveur fade; purgative; très soluble dans l'alcool; employée seulement en médecine.

On peut encore citer parmi les graines oléagineuses indigènes :
La *moutarde* (sinapis alba et s. nigra).
La *noisette* (corylus avellana).
Les *noyaux de prunier* (prunus domestica)   qui donnent
   — *d'abricotier* (— armeniaca)   l'huile de marmotte.
Les *pépins de raisin*; les *graines de courge*; les *marrons d'Inde*, etc.

Graines exotiques. — Outre les semences oléagineuses indigènes, on traite dans les usines des ports un grand nombre de graines exotiques, dont les produits font une concurrence de plus en plus grande aux huiles de pays.

Voici les caractères et les usages de quelques huiles de graines exotiques :

Arachide. — 45 à 50 % d'huile (Arachis hypogœa)
jaune ou incolore; de bonne conservation; comestible; employée surtout à la falsification des huiles d'olive.

Sésame. — 50 % d'huile (Sesamum orientale)
jaune doré, inodore, presque sans saveur; comestible; employée dans les coupages et la savonnerie.

Cotonnier. — 15 à 18 % d'huile (Gossypium)
rouge brun foncé à l'état brut et employée ainsi dans la savonnerie; jaune rougeâtre après raffinage; elle est alors comestible et sert aux coupages et aux usages industriels.

CHAPITRE IV

ÉPURATION — CONSERVATION
ET FALSIFICATIONS DES HUILES

24. Épuration. — Les huiles à leur sortie des presses, sont toujours troubles et plus ou moins épaissies par des matières en suspension.

L'épuration a pour but de les clarifier en les débarrassant de toutes ces impuretés. Suivant la nature et la qualité de l'huile à épurer, on peut employer différents procédés :

Le repos;
Le filtrage;
Les traitements chimiques.

Repos. — L'huile sortant des presses est abandonnée un certain temps dans des cuves cimentées ou de grands récipients en tôle, au fond desquels se déposent peu à peu les matières en suspension. L'huile claire surnage et est recueillie par décantation.

La chaleur, augmentant la fluidité de l'huile, favorise beaucoup le dépôt des impuretés qu'elle contient; aussi, *l'appartement où on abandonne l'huile au repos doit-il être maintenu à une température d'environ 15 degrés.*

Le dépôt abandonné au fond des cuves porte le nom de *crasses.* Il peut, par le chauffage, laisser surnager encore une certaine quantité d'huile. On l'emploie aussi directement dans la savonnerie.

Filtrage. — Le filtrage consiste à faire passer l'huile à travers une matière poreuse qui retient les impuretés et ne laisse s'écouler que l'huile claire. *Il doit toujours se faire à froid, car si l'on la filtrait chaude, l'huile, claire à sa sortie du filtre, se troublerait à nouveau en se refroidissant.*

Les matières filtrantes employées sont très diverses. Pour les huiles comestibles, on n'emploie guère que le coton, cardé ou en tissu spécial et le papier. Les filtres en coton les plus simples se composent d'un récipient en bois ou en fer dont le fond est percé de trous où l'on introduit du coton cardé. Les dispositions varient, du reste, avec les constructeurs.

Pour les huiles industrielles, on emploie souvent la mousse sèche, la paille, le charbon de bois, le sable lavé, le tourteau en poudre, etc. Avant le filtrage, ces huiles sont quelquefois agitées à chaud avec des matières absorbantes comme l'argile ou un mélange de tourbe et de schiste carbonisés qui retiennent leurs impuretés.

Le tourteau en poudre est aussi employé à *froid* pour faire une sorte de collage qui remplace le filtrage :

On verse dans une barrique l'huile et le tourteau, on brasse énergiquement et on laisse reposer. Au bout de huit jours, on soutire l'huile parfaitement clarifiée et on la remplace par une égale quantité d'huile trouble. Cinquante kilos de tourteau peuvent ainsi clarifier 200 hectolitres d'huile.

Traitement chimique. — Les huiles très chargées de mucilages[1] doivent être traitées par un procédé chimique avant le filtrage.

On les bat avec un acide ou un alcali qui attaque les matières étrangères, les brûle et les précipite sous forme d'un dépôt noirâtre. On laisse ensuite reposer et la liqueur surnageante, lavée à l'eau tiède ou mieux à la vapeur, pour enlever l'excès de réactif, est soumise au filtrage.

Les résidus du traitement sont employés aux mêmes usages que les *crasses*. Les eaux acides servent à divers usages industriels, notamment au décapage des tôles.

C'est généralement l'acide sulfurique qui est employé à l'épuration des huiles (*procédé Thénard*), à la dose de 2 ou de 0,5 pour 100 du poids de l'huile, suivant qu'on opère à froid ou à chaud. Pour les huiles comestibles on préfère quelquefois l'acide citrique ou le tannin.

Procédé Thénard. — Le battage se fait quelquefois à la main au moyen d'un outil appelé *fouloir*, formé d'un disque en bois fixé à l'extrémité d'un manche.

Dans les installations importantes, on emploie l'agitateur horizontal de MM. Grauvelle et Jaunez. Cet appareil se compose (fig. 13) d'un bac B doublé de plomb dans lequel l'agitateur A reçoit le mouvement d'une manivelle par l'intermédiaire de la roue E, d'une chaîne de Galle et du pignon D. L'agitateur A ne dépasse pas la moitié de la hauteur du bac de façon à être toujours noyé dans le liquide pour éviter les projections. Ses ailes sont formées de planchettes espacées, CC qui brisent les courants tendant à se former dans la masse et assurent ainsi un mélange parfait de l'huile et de l'acide.

On arrête le battage quand le mélange a pris une teinte verte uniforme et on laisse reposer 24 heures. On ajoute alors une quantité d'eau chauffée à 50°

---

1. Ces mucilages proviennent des graines et sont surtout abondants dans les huiles extraites à chaud et sous l'action d'un pressurage très énergique.

(eau de condensation des chauffoirs) égale aux deux tiers du volume de l'huile traitée et on agite jusqu'à ce que le liquide ait pris un aspect laiteux. On le soutire et on laisse reposer trois semaines. Au bout de ce temps, les impuretés attaquées par l'acide forment un dépôt noir au-dessus duquel surnage l'huile claire. On sature l'acide en excès par de la craie en poudre, on laisse reposer quelques heures, on décante et on filtre.

Le lavage à la vapeur donne un résultat plus rapide. L'huile, séparée du dépôt noir, est versée dans un récipient en bois au fond duquel est un ser-

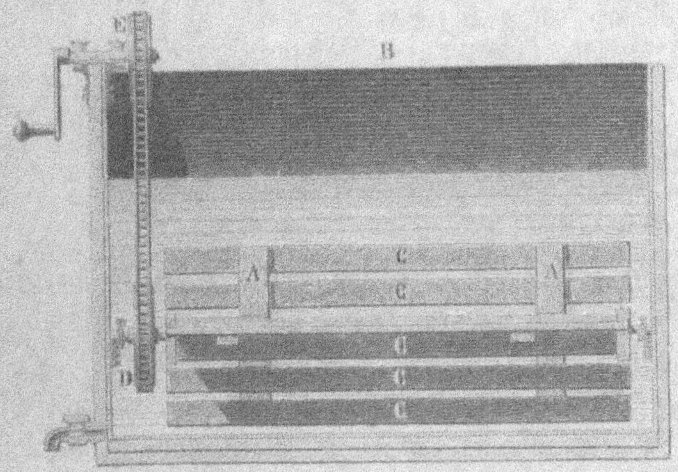

FIG. 15. — APPAREIL POUR BATTRE L'HUILE.

B, *bac double de plomb*; A, *agitateur*; C, C, C, *palettes de l'agitateur*; D, *pignon de transmission du mouvement*; E, *roue motrice à manivelle*.

pentin percé de trous. On lance pendant dix minutes dans ce serpentin un jet de vapeur qui, d'abord, se condense en élevant la température de l'huile et traverse ensuite celle-ci dans toute sa masse, la lavant complètement. L'eau se dépose par le refroidissement et, vingt-quatre heures après, l'huile claire peut être décantée et soutirée.

PROCÉDÉ TWISTLETON. — L'huile est dissoute dans un carbure volatil tel que le sulfure de carbone. L'acide sulfurique est versé lentement dans la dissolution et on bat énergiquement. Après repos, la partie claire est lavée par battage à l'eau, filtrée au charbon ou au noir animal et débarrassée du dissolvant par distillation. L'épuration ainsi obtenue est plus parfaite et donne un rendement plus élevé car le dépôt noir ne contient plus d'huile.

25. Conservation. — *Précautions à prendre.* — L'huile absorbe très facilement les odeurs[1]; on doit donc la conserver dans des endroits secs et aérés, à l'abri des exhalaisons qui pourraient l'altérer (odeur de fumée, de moisi, de fumier, etc.).

Pendant sa conservation, l'huile doit être décantée plusieurs

---

1. Cette propriété est utilisée dans la parfumerie pour l'extraction des parfums par le procédé de l'enfleurage.

fois pour la séparer des crasses qu'elle a laissé déposer et qui pourraient la troubler.

Récipients. — Les récipients où l'on conserve l'huile sont des jarres en terre vernissées à l'intérieur et fermées par un bouchon en liège ou un couvercle en bois. On emploie aussi des réservoirs en tôle ou en fer-blanc, de forme cylindrique ou cylindroconique, pourvus d'un couvercle.

Le zinc et le cuivre, qui sont attaqués par l'huile, et pourraient la rendre toxique, ne doivent pas être employés pour la contenir. Le bois ne convient pas non plus, car l'huile suinte très facilement à travers ses pores et surtout par les joints des cuves et des tonneaux. Ceux-ci ne sont employés que pour le transport en grande quantité et on a le soin de recouvrir leurs fonds d'une épaisse couche de plâtre pour prévenir les suintements. Les petites expéditions se font en bonbonnes de verre recouvertes d'osier, en bidons de fer-blanc (appelés *estagnons*) ou en bouteilles.

Quels que soient les récipients dont on se sert, ils doivent être tenus très propres et lessivés avec soin dès qu'ils sont vides, afin de ne pas communiquer de mauvais goût à l'huile.

26. Falsifications. — Les huiles sont souvent fraudées par des coupages avec des huiles de nature différente, végétales, animales ou minérales. Ces fraudes sont quelquefois difficiles à reconnaître, surtout pour les huiles comestibles. On y parvient à l'aide de procédés plus ou moins compliqués, basés sur les propriétés physiques et chimiques des huiles.

Le tableau suivant indique, pour les principales huiles, la nature de celles qui sont le plus souvent employées pour les frauder :

NOMS DES HUILES	HUILES SERVANT A LES FRAUDER
Olive	Œillette, sésame, coton, arachide.
Arachides	Coton, huiles de crucifères (colza, etc.).
Sésame	Coton, huiles de crucifères, arachide.
Amande douce	Coton, arachide, sésame, faîne, œillette.
Colza	Cameline, ravison, navette, chénevis, niger, lin, huiles minérales.
Cameline	Lin, huiles minérales.
Lin	Huiles de poisson.
Navette	Chénevis.
Chénevis	Navette, lin, huiles minérales.
Ricin	Huile d'œillette.

TABLE DES MATIÈRES

CHAPITRE III

HUILES DE GRAINES

CHAPITRE IV

ÉPURATION — CONSERVATION ET FALSIFICATIONS DES HUILES

Librairie HACHETTE et Cⁱᵉ, 79, Boulevard Saint-Germain, Paris

Le Cidre

par **P. LABOUNOUX**, Ingénieur agronome, Professeur départemental d'apiculture de la Manche et **P. TOUCHARD**, Ingénieur agronome, Directeur de l'École d'agriculture de la Vendée.

Un vol. in-16, de 200 pages, avec 92 figures, cartonné . . . . . 2 fr.

Cet ouvrage s'adresse plus particulièrement aux cultivateurs des régions de la Bretagne, de la Normandie, du Maine et de la Picardie, où le cidre est la boisson journalière. Néanmoins il peut être utile à tous les agriculteurs qui produisent des pommes, aux industriels qui achètent des fruits pour les brasser, à tous ceux qui font du cidre.

Notions préliminaires.

Première partie. — Étude de la pomme et du moût. — Les différentes parties de la pomme. — Les bonnes pommes à cidre.

Deuxième partie. — Culture du pommier à cidre et du poirier. — Le semis. — Le greffage. — Culture du pommier en plein champ — Soins d'entretien des plantations. — Culture du poirier. — La fumure du pommier à cidre. — Ennemis à combattre.

Troisième partie. — Récolte des pommes et extraction du jus. — Récolte et conservation des pommes. — Entretien et propreté du matériel, du pressoir et des cuves.

Quatrième partie. — Fabrication du cidre. — Extraction du jus. — Étude du moût. — Traitement des fruits.

Cinquième partie. — Comment se fait la transformation du moût en cidre. — Levures et fermentations. — Première phase de la fermentation ou fermentation tumultueuse. — Deuxième phase de la fermentation. — Fermentation complémentaire. — Conservation du cidre. — Maladies des cidres. — Analyse des cidres.

Sixième partie. — Utilisation des sous-produits. — Petits cidres. — Eaux-de-vie. — Vinaigres et marcs.

Septième partie. — Le poiré. — Fabrication du poiré.

Huitième partie. — L'industrie de la dessiccation des pommes et des poires. — Pratique de la dessiccation.

Neuvième partie. — Législation sur les cidres. — Le cidre et la loi sur les fraudes.

Les Conserves Alimentaires
(Fabrication ménagère et industrielle)
DEUXIÈME ÉDITION

par M. LAVOINE
ingénieur agronome,
professeur à l'École
d'agriculture.

Un volume de 154 pages avec 98 figures, cartonné. . . . . 1 fr. 80
Ce petit livre intéresse les ménagères et les agriculteurs.

A la campagne, on laisse perdre beaucoup de fruits et l'on ne fait généralement pas de conserves de légumes verts. On s'imagine à tort que la préparation des conserves est seule possible dans l'industrie. *La ménagère de la campagne* trouvera dans l'ouvrage de M. Lavoine des procédés très simples pour conserver tous les aliments soit à l'état frais, soit à l'état de conserves proprement dites. Elle y apprendra les meilleures recettes pour la préparation des confitures, pour la conservation des légumes, des fruits, des œufs, du lait, de la viande à l'état frais pendant les grandes chaleurs de l'été.

Nous pensons que le travail de M. Lavoine est également utile à la *ménagère des villes*. Celle-ci trouve bien de la viande fraîche tous les jours, elle trouve même, en toute saison, dans les villes importantes, des légumes et des fruits frais, mais à des prix qui ne sont guère abordables pour les bourses modestes. Par contre, les fruits et les légumes sont à très bon marché dans la pleine saison. La ménagère en profitera pour faire des conserves de fruits (compotes, confitures) et des conserves de légumes verts; elle conservera même avantageusement les œufs quand ils seront peu coûteux.

Enfin le petit traité sur les conserves alimentaires intéresse tout particulièrement les *agriculteurs*. Le cultivateur, en effet, se contente généralement de fournir la matière première (légumes, fruits, viandes, etc.) à un usinier qui les transforme; mais les producteurs trouveraient avantage à s'associer en vue de la conservation de leurs produits par les procédés industriels. L'agriculteur a d'autant plus le devoir de conserver ses produits qu'il ne peut les vendre à un bon prix quand ils sont abondants sur le marché. La conservation des fruits de choix dans un fruitier ou une chambre froide, la transformation des autres en confitures ou en fruits secs, toutes choses que M. Lavoine a très clairement indiquées, lui assureraient des bénéfices sérieux.

IMPRIMERIE GÉNÉRALE LAHURE

9, rue de Fleurus, 9